Rajendra Suryawanshi
Pramod Bhadakwade

Sistema de informação universitária baseado em SIG para a Universidade de Pune

Rajendra Suryawanshi
Pramod Bhadakwade

Sistema de informação universitária baseado em SIG para a Universidade de Pune

Um estudo de caso da área de PMC e PCMC, Maharashtra, Índia

ScienciaScripts

Cover image: www.ingimage.com

This book is a translation from the original published under ISBN 978-3-659-82628-3.

Publisher:
Sciencia Scripts
is a trademark of
Dodo Books Indian Ocean Ltd. and OmniScriptum S.R.L publishing group

120 High Road, East Finchley, London, N2 9ED, United Kingdom
Str. Armeneasca 28/1, office 1, Chisinau MD-2012, Republic of Moldova, Europe
Printed at: see last page
ISBN: 978-620-8-30439-3

Sistema de informação universitária baseado em SIG para a Universidade de Pune, um estudo de caso da área de PMC e PCMC, Maharashtra, Índia.

Autor

Dr. Rajendra S. Suryawanshi
Professor e Diretor,
Departamento de Geografia
Abasaheb Garware College
Punc - 411 004

Sr. Pramod bhadakwade
Escrivão adjunto
Universidade Savitribai Phule Pune
Ganesh Khind Pune - 411 007

Agradecimentos

É com imenso prazer que reconheço que o presente trabalho é creditado a todas as pessoas que, direta ou indiretamente, me ajudaram durante o meu TRABALHO DE PROJECTO

Gostaria de deixar registada a minha sincera gratidão para com o Dr. S.G. Gupta, Diretor, Dr. P.B.Buchade, Vice-Diretor, Abasaheb Garware College, Karve Road, Pune, por me terem encorajado durante todo o meu trabalho de projeto e por me terem permitido utilizar as instalações do departamento. Gostaria de estender os meus agradecimentos aos meus colegas de departamento, Dr. Avinash Shelar, Sr. Abhinav Kurkute e Sr. Kisan Sabale, contabilista e pessoal administrativo do Abasaheb Garware College, pela sua ajuda.

Gostaria de deixar registada a minha sincera gratidão para com o Prof. (Dr.) W.N. Gade, Vice-Chanceler da SSPU, Dr. V.B. Gaikwad Diretor, B.C.U.D, SSPU, Dr. K.C. Mohite. Dean Faculty of Science, SSPU e ao Dr. Ravindra Jaybhaye OSD, BCUD, SSPU pelo apoio financeiro a este projeto. Agradeço também ao CINS, SSPU, por me ter fornecido os dados necessários para a realização do presente trabalho.

Agradeço ao Sr. Gajanan Amlapure, CINS, SSPU, por ter fornecido os dados necessários. Uma menção especial vai para todos os meus amigos que me apoiaram constantemente durante todo este trabalho de investigação. O Dr. Amit Dhorde, a Dra. (Sra.) Anargha Wakhare, o Dr. Sudhakar Pardeshi, a Sra. Suchitra Pardeshi, o Dr. Virendra Nagarale, o Dr. Sachin Deore, o Dr. Manoj Chavan, o Sr. Mahendra Korade e outros amigos pela sua preciosa ajuda durante as várias visitas ao terreno. Estou igualmente grato ao Sr. S.Y. Pawar e ao Sr. Vaibhav Joshi pela sua ajuda.

Gostaria também de agradecer a todos os meus alunos que me acompanharam e ajudaram durante a realização deste trabalho. Agradeço ao Sr. Amit More e ao Sr. Pradeep Kanade pela sua ajuda no trabalho de mapeamento e análise do SIG com base na Web.

Rajendra S. Suryawanshi

ÍNDICE

CAPÍTULO I - INTRODUÇÃO

1.1 Introdução:

O livro intitulado "GIS based College Information System for University of Pune, A case study of PMC and PCMC Area, Maharashtra, India" é o desenvolvimento de um sistema de informação Web-GIS para colégios, que visa desenvolver uma aplicação Web para aceder a dados espaciais através do navegador. Fornece um ambiente para a construção de aplicações com base no espaço. A utilização de software GIS para gerar mapas em formato digital é partilhada através da Internet-Web. Este projeto visa o desenvolvimento de uma aplicação web para facilitar a partilha e o desenvolvimento de um plano diretor para instalações educativas em ambiente SIG. A interface é criada tendo em consideração os requisitos do utilizador e optimizando a funcionalidade da aplicação, mantendo-a simples para o utilizador interagir com a aplicação. O principal objetivo de todo o estudo é explorar e verificar a existência de colégios na cartografia SIG na área PMC e PCMC do distrito de Pune. O estudo pormenorizado permitirá conhecer os estabelecimentos de ensino superior da zona de PMC e PCMC.

A Universidade Savitribai Phule Pune (formalmente conhecida como Universidade de Pune) é uma das principais universidades da Índia. Está situada na parte noroeste da cidade de Pune, em Maharashtra. A Universidade de Pune tem cerca de 307 institutos de investigação reconhecidos e 612 faculdades afiliadas que oferecem cursos de licenciatura e de pós-graduação.

Os colégios estão espalhados pelos distritos de Pune, Nasik, Ahmednagar e Silvasa (DNH). Pune tem mais de 200 colégios. As informações sobre a localização de todos estes estabelecimentos de ensino superior estão disponíveis em mapas impressos. Esta informação de localização foi convertida em mapas digitais. Estes dados espaciais são utilizados para várias análises, como a localização dos colégios, a análise da rede, ou seja, o trajeto curto, o tempo de viagem, etc.

O distrito de Pune goza de certas vantagens únicas e de uma longa tradição em termos de educação. A maior parte das zonas de PMC e PCMC são muito densas em termos de população. Nesta zona, surgiram muitos novos colégios e institutos autónomos e afiliados a universidades, que proporcionam instalações de ensino de boa qualidade.

O presente estudo tem por objetivo avaliar a formação escolar na área da Corporação Municipal de Pune (PMC) e da Corporação Municipal de Pimpri-Chinchwad (PCMC). Os dois cenários extremos da PMC e da PCMC podem revelar-se conjuntos complementares. A avaliação do ensino superior de qualquer região deve ter em conta os aspectos educativos e sociais e, por conseguinte, a necessidade de refletir em termos de um sistema de informação universitária (CIS) baseado no SIG para a Universidade de Pune, um estudo de caso da área de PMC e PCMC para o ensino superior.

1.2 Introdução aos Sistemas de Informação Geográfica:

O SIG é um sistema informático integrado de gestão de bases de dados que armazena um grande volume de dados espaciais, juntamente com os seus atributos ou dados não espaciais, que são captados, armazenados, recuperados, processados e analisados para dar resposta a questões de natureza geográfica, sempre que necessário.

A base de dados é simplesmente uma coleção de factos em bruto armazenados de forma estrutural e com relações entre si. A tecnologia SIG integra operações comuns de bases de dados, como a consulta e a análise estatística, com a visualização única e as vantagens da análise geográfica oferecidas pelos mapas. Estas capacidades distinguem o SIG de outros sistemas de informação e tornam-no valioso para um vasto leque de empresas públicas e privadas para explicar acontecimentos, prever resultados e planear estratégias.

Os SIG Web são capazes de comunicar geograficamente indivíduos e organizações aos utilizadores através da Internet. Proporciona aos utilizadores capacidades de consulta interactiva. Permite igualmente aos utilizadores finais visualizar dados geográficos através de um navegador Web sem software SIG. O instrumento GPS tem capacidade para identificar a localização exacta de um local, a sua altitude e também tem capacidade de armazenamento.

A taxa de crescimento demográfico das zonas urbanas e rurais da Índia não é a mesma. A urbanização descontrolada tem sido responsável por muitos dos problemas que as nossas cidades enfrentam atualmente, resultando em condições de vida precárias, falta de instalações de ensino, congestionamento do tráfego, etc. Daí a necessidade urgente de adotar uma abordagem de Deteção Remota e de Sistema de Informação Geográfica no desenvolvimento urbano. A tecnologia moderna de deteção remota juntamente com o SIG ajuda-nos a analisar os dados espacialmente, oferecendo possibilidades de gerar várias opções (modelação), optimizando assim todo o processo de planeamento.

1.3 Relevância interdisciplinar

As informações sobre os estudantes e os estabelecimentos de ensino superior são muito importantes para vários serviços governamentais no domínio da educação, como a Direção da Educação e a UGC, em geral, e para a própria universidade, em particular. A recolha manual desta enorme informação é realmente uma tarefa muito difícil. Utilizando a tecnologia melhorada em ambiente GIS, esta enorme base de dados pode ser criada e será útil para fins académicos e administrativos.

1.4 Revisão da literatura

A) Estatuto internacional:

A França foi o primeiro país do mundo a utilizar o SIG para a cartografia escolar em 1963. Na Jordânia, as imagens geográficas e os dados vectoriais foram integrados com êxito na cartografia escolar para preparar um modelo de dados SIG para o sistema de apoio à decisão educativa. Neste trabalho, é utilizado um modelo de dados adequado do Sistema de Informação Geográfica (SIG) para o planeamento da cartografia escolar, onde são adicionadas todas as escolas com dados de atributos para a resolução de problemas e a tomada de decisões no domínio da educação. O produto final deste trabalho é um Sistema de Apoio à Decisão Educativa que fornece ao utilizador um mapa de uma região específica, com destaque para a localização das escolas e todas as informações relacionadas, para ajudar os decisores a expandir a escola atual ou a sugerir locais para novas escolas na Jordânia, e também para a localização dos alunos e dos recursos.

O modelo de dados SIG construído é composto pela camada das escolas, ruas de grande escala, direcções, sub-distritos e camadas da província com dados populacionais. As imagens geográficas IKONOS e os dados vectoriais de pequena escala mais fiáveis devem ser integrados no atual modelo de dados SIG para criar uma base de dados geoespacial detalhada para fins de planeamento cartográfico das escolas. No entanto, existem vários problemas associados a este processo, principalmente devido aos diferentes sistemas de projeção em que cada conjunto de dados se baseia e aos problemas de escala.

Duran E., Eker D.Z., Shrestha M.: O sistema de informação turística baseado na Web não fornece apenas brochuras em linha, mas proporciona valor e serviço. O estudo apresenta o objeto turístico no contexto geográfico em mapas turísticos interactivos, apoia o planeamento do turismo, centrando-se na análise, na tomada de decisões e na gestão utilizando a técnica SIG e apresentando os resultados na Internet.

Xiaofei Yan e Yanqiu Wang (2012): O turismo é uma indústria pilar da transformação económica de qualquer cidade e o desenvolvimento da indústria do turismo está intimamente relacionado com as tecnologias da informação. No artigo, a tecnologia WebGIS e a Realidade Virtual são aplicadas à indústria do turismo de uma cidade selecionada para o desenvolvimento do Sistema de Informação Turística.

B) Estatuto nacional:

A nível nacional, tem havido uma série de tentativas de planeamento em vários domínios do sistema de informação de base GIS. Manipur, um pequeno Estado no nordeste da Índia, utilizou com êxito o Sistema de Informação Geográfica (SIG) para cartografar escolas situadas em zonas remotas. Isto ajudará a controlar a utilização dos fundos sancionados pelo Centro e pelo Estado para a construção de novas infra-estruturas e o desenvolvimento das existentes. O sistema ajudou a cartografar 4640 escolas primárias e primárias superiores em todo o Estado e a tarefa está a ser realizada pela Autoridade da Missão Estatal da Sarva Shiksha Abhiyan (Missão de Alfabetização Total). As informações sobre as suas longitudes e latitudes foram recolhidas previamente utilizando o Sistema de Posicionamento Global (GPS). O sistema identificou também as zonas do Estado que necessitam de escolas.

Giridhar e et.al. (2011): O projeto proporciona um ambiente para a construção de aplicações Internet-Web habilitadas espacialmente. O principal objetivo deste projeto é fornecer informações aos utilizadores sobre a situação das faculdades num determinado local no que diz respeito à disponibilidade de faculdades, cursos, admissão, disponibilidade de professores e procedimento de admissão. Neste projeto, é desenvolvido um mapa com a lista de vários estabelecimentos de ensino superior de uma determinada área, que é apresentado no navegador através de um SIG Web. O utilizador pode procurar um determinado estabelecimento de ensino superior utilizando a opção de pesquisa ou pode interagir diretamente com o mapa utilizando as opções de zoom e panning. Com base nas necessidades do utilizador, é apresentada a lista de colégios de um mandal ou os pormenores de um determinado colégio. Os dados correspondentes a colégios e mandatos também podem ser acedidos clicando no mapa. Além disso, podem ser feitas consultas para procurar diferentes categorias de cursos na faculdade selecionada.

R Subbunaryan R Manikandan (2005): Foi preparado um sistema de informação sobre o campus para o Thiagarajar College of Engineering (TCE), Madurai, Tamilnadu, utilizando o SIG. Inclui os limites do colégio, as estradas, os passeios, os parques infantis, as árvores, os terrenos abertos, os edifícios de vários departamentos, a biblioteca geral, o bloco administrativo, as instalações dos albergues e outras comodidades gerais como informação espacial e inclui o número de pessoal docente e não docente, os rapazes e raparigas estudantes, o número de laboratórios, oficinas, salas de seminários, infra-estruturas disponíveis, etc. em cada departamento como informação de atributos a adotar para promover os colégios.

S.R.Bharamagoudar, Geeta R.B., S.G.Totad (2013): Segundo o autor, o Sistema de Gestão da Informação dos Estudantes (SIMS) proporciona uma interface simples para a manutenção da informação dos estudantes. Pode ser utilizado por institutos de ensino ou faculdades para manter facilmente os registos dos estudantes. O SIMS também trata de todos os tipos de dados dos estudantes, relatórios académicos, dados da faculdade, dados do curso, currículo, detalhes do lote, detalhes da colocação e outros detalhes relacionados com os recursos e facilita a exploração de todas as actividades que decorrem na faculdade. Podem ser gerados diferentes relatórios e consultas com base em vastas opções relacionadas com os estudantes, o lote, o curso, o corpo docente, os exames, os semestres, a certificação e até mesmo para toda a faculdade.

Suryawanshi Rajendra e et.al. (2011): tentaram criar uma base de dados geográfica que incluísse o mapa dos bairros de PMC e atributos para os resultados pormenorizados de cada bairro para as eleições de PMC. Este estudo foi útil para os partidos políticos decidirem estratégias futuras, planearem e administrarem. O que também é útil para criar um sistema de informação eleitoral baseado na Web.

Narkhede, P.G., e Telang, M.V. (2013): tentam estudar vários factores que são significativos na seleção da localização residencial na área da cidade e estimam a sua influência relativa na probabilidade de escolha. Para explorar a relação entre as preferências feitas para a localização residencial, utilizaram o método de correlação de postos de Spearman. Os resultados foram apresentados sob a forma de um mapa utilizando a abordagem SIG.

Nair, Sreejit.S. (2011): O autor mostra a possibilidade de utilizar software baseado em Open Source GIS (OS GIS) para criar um projeto GIS de baixo custo e publicar o mesmo na Internet utilizando software e serviços Web GIS gratuitos disponíveis. Cria um modelo de sistema de informação turística utilizando um SIG de sistema aberto como o QGIS. Este pode fornecer praticamente todas as ferramentas SIG necessárias para a aplicação SIG, como o sistema de informação turística. O Mapserver e a API do Google Map podem ser utilizados para consultas e SIG baseados na Web.

1.5 Importância do estudo:

Durante as últimas décadas, a sensibilização para a educação nas zonas rurais e urbanas do país tem vindo a aumentar. Como os horizontes da educação estão a expandir-se rapidamente, a gestão da informação sobre educação está a tornar-se uma tarefa muito crítica. O presente projeto de trabalho visa gerir esta enorme informação num único cabeçalho e num formato de base web. Esta informação será igualmente útil para os responsáveis pelo planeamento, que poderão sugerir e fornecer todas as facilidades necessárias aos estabelecimentos de ensino existentes e às novas localizações de estabelecimentos de ensino na área de estudo.

1.6 Objectivos:

O principal objetivo de todo o estudo é explorar e verificar a existência de faculdades na cartografia SIG na área PMC e PCMC do distrito de Pune. O estudo pormenorizado irá esclarecer as faculdades na área de PMC e PCMC. O presente projeto trata de um aspeto de todo o programa. Trata-se da análise da localização dos estabelecimentos de ensino superior, dos percursos mais curtos e da informação anexa nos estabelecimentos de ensino superior.

A fim de compreender corretamente a localização e o padrão de desenvolvimento do colégio, foram definidos os seguintes objectivos.

1. Avaliar a localização cartográfica dos colégios da área PMC e PCMC da Universidade de Pune
2. Avaliar o mapa dos colégios da área de estudo com acesso à Web.
3. Avaliar os percursos mais curtos entre os colégios.
4. Elaborar o mapa pormenorizado das faculdades ligadas à Universidade de Pune.
5. Efetuar visitas de campo à zona para realizar a verificação no terreno e também recolher determinados dados no terreno relacionados com a localização.

1.7 Base de dados e metodologia:

Uma investigação empírica é um produto cumulativo de fontes primárias e secundárias. As fontes secundárias, sob a forma de publicações governamentais e não governamentais, foram amplamente utilizadas para desenvolver o quadro concetual e a análise a nível micro foi efectuada utilizando fontes primárias como o inquérito GPS. Os dados dos censos foram amplamente utilizados para preparar o perfil educativo e de literacia da área de estudo. Tal como o perfil educativo, a população total com menos de 6 anos também é calculada para uma futura estimativa dos alunos e do número de escolas.

1.7.1 Base de dados:

Para o presente estudo, considerou-se a área da Corporação Municipal de Pune e da Corporação Municipal de Pimpri-Chinchwad, com um total de 88 faculdades de Artes, Comércio e Ciências, filiadas na Universidade Savitribai Phule Pune. Entre eles, 63 colégios pertencem à PMC (35 subvencionáveis e 28 não subvencionáveis) e os restantes 25 à PCMC (8 subvencionáveis e 17 não subvencionáveis).

Mapa da PMC e da PCMC:

Foi utilizado o mapa mais recente da cidade de Pune e da cidade de Pimpri-Chinchwad, respetivamente, elaborado pela Pune Municipal Corporation e pela Pimpri-Chinchwad Municipal Corporation.

Google Earth:

O Google Earth foi utilizado para retificar a localização dos colégios e também para a correção geométrica do mapa.

Software utilizado:

1) ArcGIS 10.1 : O ArcGIS é um conjunto de várias ferramentas, tais como o ArcMap, o ArcCatalog, o ArcScene, etc. a) ArcMAp: - Utilizado para a digitalização, a ligação de dados de atributos, o recorte.

b) ArcCatalog: - Utilizou o ficheiro gerido e criou um conjunto de dados de rede.

2) Global Mapper 13 : Utilizado para efeitos de georreferenciação e reprojecção.

3) Servidor de mapas: Software de mapeamento web de código aberto utilizado para análise e portal web desenvolvimento.

4) GARMIN Montana 650: utilizado para os pontos de controlo terrestre. Estas informações foram exportadas para um ficheiro .dxf ou .gpx com a ajuda do software Map Source. Este ficheiro .dxf é compatível com a plataforma GIS.

5) Utilização do iPhone (5-Apple) para marcação geográfica de fotografias e mapas nas aplicações Photo-Mapo.

6) MS Word, Excel e PowerPoint- Estes diferentes softwares foram utilizados para criar e redigir um relatório, para a análise estatística e para a apresentação dos resultados.

1.7.2 Metodologia:

A metodologia adoptada para o trabalho de projeto tem dois aspectos, a saber

1. A análise pormenorizada da área dos mapas das alas da PMC e da PCMC. (2007, 2012) Estes mapas serão traduzidos para formato digital utilizando software de digitalização normalizado e, de acordo com os Censos 2011, os dados serão utilizados para desenvolver cartografia SIG para PMC e PCMC, bem como partes da região, às escalas necessárias/adequadas. Para o efeito, foram utilizados pacotes SIG como o Arc GIS, Global Mapper, Q-GIS open source e Map Server open source web mapping. Isto foi conseguido através da análise dos dados digitais para DEM em ASTER. (Fig. 1.1)

Fig. 1.1: Fluxograma da metodologia

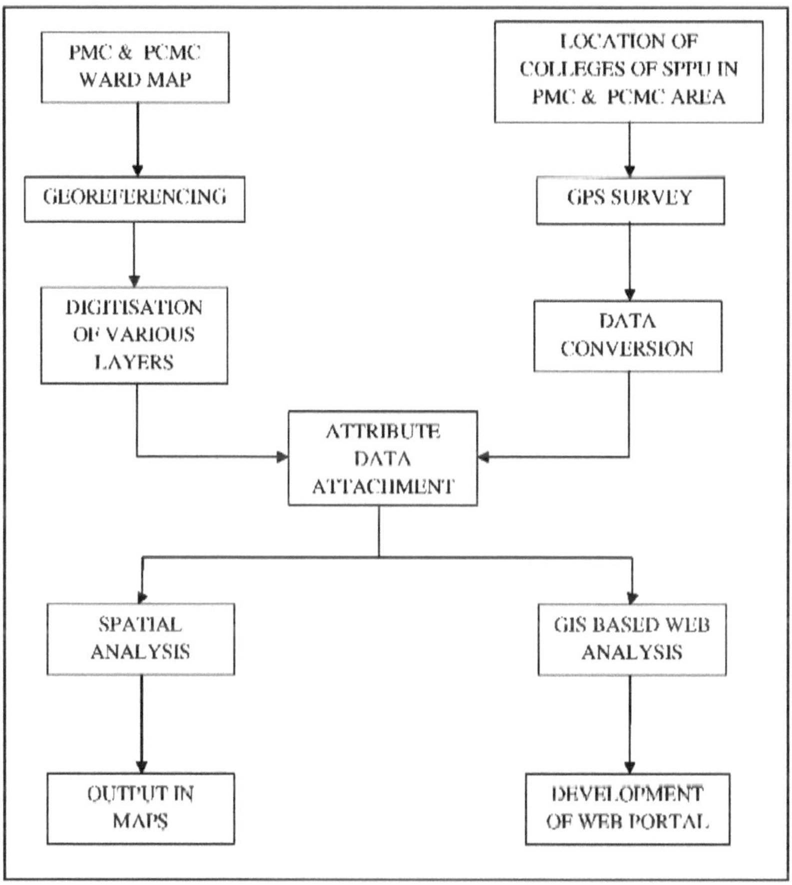

2. Trabalho de campo: O trabalho de campo foi efectuado principalmente para a) confirmar o terreno, b) recolher as localizações GPS do colégio e marcar geograficamente as fotografias com a ajuda das aplicações Photo-Mapo no iPhone 5.

Isto dá informações sobre unidades (métricas - latitude-longitude, direção), data, hora, altitude, cidade, estado, nome do país, etc., com a possibilidade de tirar fotografias com a obra-prima do mapa.

Georreferenciação dos mapas de base da área de estudo:

Inicialmente, o mapa de Pune e Pimpri-Chinchwad foi georreferenciado utilizando a projeção do sistema de coordenadas geográficas (projeção GCS) e o datum WGS-1984. Os pontos de controlo no solo (GCP) foram recolhidos no terreno com GPS, bem como as folhas topográficas. Este mapa georreferenciado foi reprojectado na Projeção Universal Transversa de Mercator (projeção UTM WGS-1984) com a zona 43N. Todo o trabalho relacionado com a georreferenciação foi efectuado com recurso ao software Global Mapper 13. Os mapas reprojectados são utilizados para a geração de camadas de dados.

Geração de camadas

1. Ala

Foram digitalizados 144 polígonos de bairros na Corporação Municipal de Pune e 104 polígonos de bairros na área da Corporação Municipal de Pimpri-Chinchwad. Foram anexados ao polígono dados de atributos de acordo com os censos de 2011, como o nome do bairro, o número do bairro, a população, a taxa de alfabetização, etc. Foi calculada a área do polígono do bairro.

2. Rede de transportes

As estradas principais e os caminhos-de-ferro na área da Corporação Municipal de Pune e Pimpri-Chinchwad foram digitalizados como polilinhas. Foi criado um conjunto de dados de rede utilizando o ficheiro de formato das estradas. Este foi utilizado para a análise da rede da zona de estudo.

3. Rio

Foram digitalizados todos os grandes e pequenos rios da área da Corporação Municipal de Pune e Pimpri-Chinchwad. Inicialmente, ambas as margens foram digitalizadas como polilinhas e depois convertidas em polígonos.

4. Geração de camadas universitárias:-

As informações pormenorizadas sobre cada colégio da Universidade Savitribai Phule Pune foram recolhidas junto do BCUD (CINS - Centre for Information and Network Security). Os pontos de localização dos colégios foram recolhidos a partir do trabalho de campo e os dados de atributos, como o nome do colégio, o endereço, a identificação do colégio, o ano de fundação, etc., foram anexados a esses pontos.

Todas as camadas geradas foram utilizadas para análise posterior.

1.8. Sobre o projeto:

A cidade de Pune é a capital administrativa do distrito de Pune. Pune tem muitos institutos de ensino e universidades e o seu crescimento é muito rápido. Estão a ser criados novos estabelecimentos de ensino em Pune e a sua distribuição é assimétrica devido à expansão urbana não sistemática. A educação não se desenvolve em comparação com o crescimento da população.

Pune está bem ligada a outras cidades por auto-estradas nacionais e estatais. Em Pune há muitas estradas e também muito tráfego pesado, o que cria muitos problemas. A população da cidade de Pune é muito elevada. A zona central da cidade é muito povoada. O aumento diário da população está a causar vários problemas de urbanização.

O SIG é um instrumento eficaz para detetar os problemas de urbanização. Pode ser utilizado para monitorizar o crescimento das instalações educativas e a disponibilidade de informações sobre a faculdade ao domicílio para os leigos.

CAPÍTULO II - ÁREA DE ESTUDO

2.1 Área de estudo:

A cidade de Pune remonta ao século 8th d.C. como "Punyavishay". A importância destas pequenas aldeias foi crescendo no período Maratha e culminou no período Peshwa como capital de Peshwa. Pune tornou-se um centro nevrálgico administrativo para as bases militares criadas pelos britânicos nos arredores da cidade. Existe uma zona de acantonamento dentro dos limites geográficos da Corporação Municipal de Pune (PMC) e duas na Corporação Municipal de Pimpri-Chinchwad (PCMC).

Atualmente, Pune é a capital da educação e da cultura de Maharashtra. Pune é considerada a "Oxford do Leste". O Deccan College, o Engineering College e o Agricultural College lançaram as bases para a emergência da cidade como uma das principais cidades da Índia com tendências académicas.

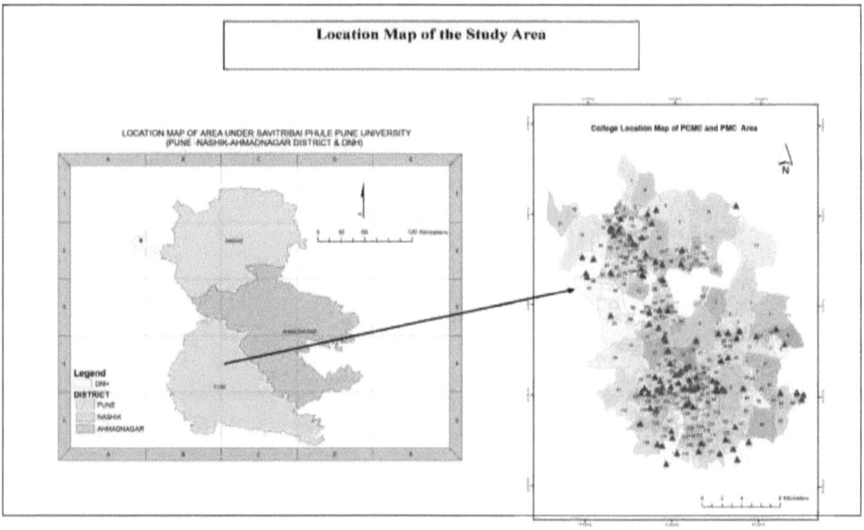

Fig. 2.1: Mapa de localização

De acordo com as eleições de 2012, a Corporação Municipal de Pune é composta por 76 Prabhag (144 vereadores de alas, de acordo com as eleições de 2007), a Corporação Municipal de Pimpri-Chinchwad é composta por 64 Prabhag (104 vereadores de alas, de acordo com as eleições de 2007). A PMC e a PCMC têm uma população de 3,55 milhões de habitantes (2001), o que representa 49% da população urbana total do distrito de Pune. (Fig. 2.1)

A presente área de estudo é a Corporação Municipal de Pune (PMC) e a Corporação Municipal de Pimpri-Chinchwad do distrito de Pune, Estado de Maharashtra. Índia. A extensão do estudo da PMC

área de 18° 25'N a 18° 42'N e 73° 42'E a 73° 57'E. Situa-se a sotavento dos Ghats Ocidentais, 560 m acima do nível do mar, na confluência dos rios Mula e Mutha. Dois outros rios, Pavana e Indrayani, atravessam a periferia noroeste da área da PCMC. A cordilheira de Sinhagad-Katraj- Dive Ghats forma o limite sul da área da PMC.

1.1.1 Fisiografia

A PMC e a PCMC estão situadas nas margens dos rios Mula, Mutha, Pavana e Indrayani, a uma altitude média de 530 a 566 m acima do nível médio das águas do mar. A zona do PCMC tem dois rios, o R. Pavna e o R. Indrayani, que atravessam a periferia noroeste de Pune. O Mula e o Mutha. (Fig. 2.2)

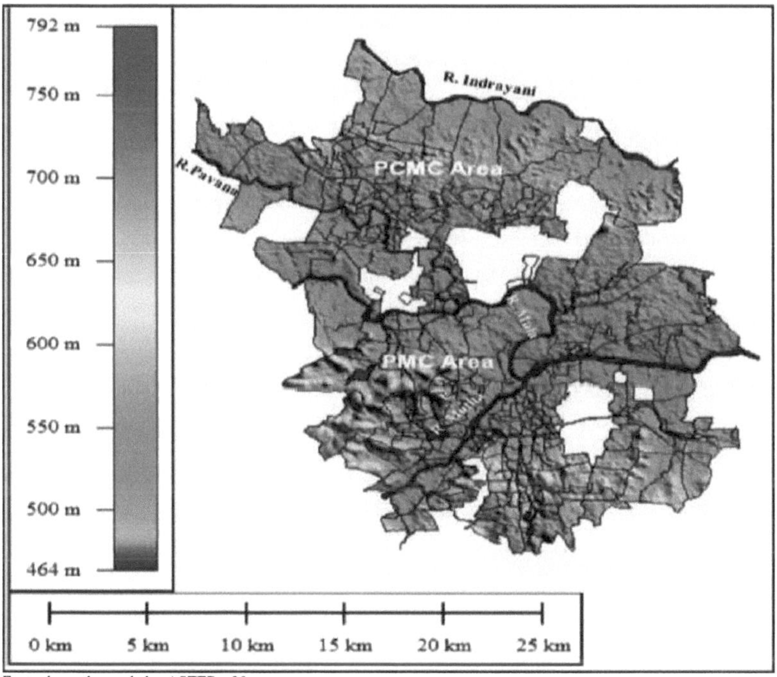

Fonte: baseado em dados ASTER - 30m

Fig. 2.2: Modelo Digital de Elevação (DEM) da Área de Estudo

Estes últimos rios desaguam no rio Bhima. Assim, a cidade está situada na bacia superior do Bhima. A cidade de Pune é bem delimitada pela extensão Este-Oeste. A zona sul da cidade é delimitada pela cadeia montanhosa de Katraj, enquanto a parte oriental da cidade tem uma topografia ligeiramente inclinada.

1.1.2 Clima

Pune tem um clima tropical húmido e seco, com temperaturas médias que variam entre os 20 e os 28° C. Pune tem três estações distintas: verão, monção e um outono ameno. Os meses típicos de verão vão de março a maio, com temperaturas máximas que variam entre 30 e 38° C. A monção dura de junho a outubro, com precipitação moderada e temperaturas que variam entre 10 e 28° C. O outono começa em novembro. A temperatura diurna ronda os 28° C e a temperatura nocturna é inferior a 10° C durante a maior parte de dezembro e janeiro.

2.3 Educação

Pune é conhecida pelas suas instalações educativas e pela sua relativa prosperidade. Pune tem uma grande população estudantil e um grande número de institutos académicos e de investigação de qualidade. Pune tem mais escolas, colégios e universidades do que qualquer outra cidade.

Pune tem mais de cem institutos de ensino e seis universidades, com estudantes de todo o mundo a estudar nos colégios da Universidade Savitribai Phule Pune. A maior parte dos estabelecimentos de ensino superior de Pune estão filiados na Universidade Savitribai Phule Pune (antiga Universidade de Pune), criada em 1948. Também foram criadas outras universidades na cidade.

A educação tem sido outro ponto forte de Pune. Desde a criação da Deccan Education Society, em 1880, a cidade tem vindo a criar seis universidades, com 600 faculdades e departamentos de pós-graduação em funcionamento. A população estudantil de Pune ultrapassa os cinco lakhs. Além disso, nos últimos anos, Pune atraiu cerca de 8000 estudantes estrangeiros de mais de 62 países. Além disso, várias instituições de ensino estabelecidas introduziram novos cursos e áreas de investigação.

Pune é considerada a capital cultural de Maharashtra. É o epítome da cultura Marathi, que dá ênfase à educação, às artes e ofícios, à música e ao teatro. A cultura de Pune reflecte uma mistura de tradições com modernidade, para além de acolher espectáculos clássicos.

2.4 Estrutura administrativa da Corporação Municipal de PUNE:

De acordo com a lista das eleições de 2007, existem 144 bairros na Corporação Municipal de Pune. Os bairros distribuídos no centro da cidade são mais pequenos, enquanto os bairros da periferia são maiores. A lista pormenorizada dos bairros e da sua população é a seguinte (Quadro 2.1 e 2.2)

Quadro 2.1

N.º do bairro	Nome da ala	N.º do bairro	Nome da ala
1	Dhanori	22	Kamalnayan Bajaj Udyan
2	Vidyanagar Lohgaon	23	Escola Secundária de Shetki
3	Bombagem de Tingarenagar	24	Sanjay Gandhi Rugnalaya
4	Kalas Vishrantwadi	25	Bopodi
5	Nanasaheb Parulekar Vidyalaya	26	Pune Vidyapeeth
6	Imprensa de Yerawada Prizan	27	Aundh Gaon
7	Lohgaon Vimantal	28	Baner, Balewadi
8	Kharadi Gaon	29	Sutarwadi
9	Kharai Infotech	30	Pashan
10	Escola Secundária de Sundarbai Marathe	31	Aundh ITI
11	Vadgaon Sheri	32	Rajbhavan
12	Ramwadi	33	Chatushrungi Mandir
13	Palácio de Agakhan	34	Colónia modelo
14	Escola Secundária Don Bosko	35	Colagem moderna
15	Nagpur Chal	36	Corporação Pune Muncipl
16	Phulenagar Yerawada	37	Hospital Dr. Naidu
17	Netaji Subhashchandra Bos Vidyalaya	38	Horta
18	Yeravada Gaon	39	Colagem Wadia
19	Parnkuti	40	Parque Koregaon
20	Yerwada Hotmix	41	Mundhava Gaon
21	Colagem Deccan	42	Magar Patta - Hadapsar
N.º do bairro	Nome da ala	N.º do bairro	Nome da ala
43	Hadapsar Audyogik	69	Vishrambagwada
44	Enviado Patrik Town	70	Mahatma Phule Mandai
45	Vikasnagar - Ghorpadi	71	Correio da cidade
46	Dr. Babasaheb Ambedkar Udyan	72	Ganeshpeth Gurudwara
47	Hospital de Sasoon	73	Tilak Ayurved Mahavidyalaya
48	Kamala Nehru	74	Rajewadi
49	Juna Bazar	75	Harkanagar
50	Kasaba Ganpati	76	Estádio Janral Arunkumar Vaidya
51	Shaniwar Wada	77	Doke Talim
52	Nova Escola de Inglês (Ramanbaug)	78	Swami Samartha Nagar
53	Colagem de Fergussion	79	Dr. Kotnis
54	Hospital Dr. Homibhaba	80	Renuka Swarup Prashala
55	Gokhalenagar	81	S. P. Collage
56	Vidhi Mahavidyalaya	82	Subhash Nagar
57	Shankarrao More Vidyalaya	83	Ghorpade Udyan
58	Colónia de Rambaug	84	Missão Panch Haud
59	Kishkindha Nagar	85	Mahatma Phule Smarak
60	Ramkrishna Paramhance	86	Lohia Nagar
61	Vedbhavan	87	Colónia Akbote
62	Mahatma Sosayati	88	Gurunanak Nagar
63	Empresa Vanaj	89	Wanawadi Gaon
64	Yashvantrao Chavan Natyagriha	90	Ramtekdi
65	Colónia Ideal	91	Hadapsar Gaon
66	Hospital Dinanath Mangeshkar	92	Centro de Planadores
67	Deccan Jymkhana	93	Sadhana Vidyalaya
68	Rajendranagar	94	Satavwadi
N.º do bairro	Nome da ala	N.º do bairro	Nome da ala
95	Kaleborate Nagar	121	NIBM
96	Mohammad Wadi	122	Mithanagar
97	Mahadji Shinde Chatri	123	Bibvewadi Gaon
98	Parque de Salisburgo	124	Matemática de Shankar Maharaj
99	Tilak Maharashtra Vidyapeeth	125	Padmavati - Araneshwar
100	Parwati Darshan	126	Taljai Mandir

102	Parwati Jalkendra	127	Anandnagar - Hingane
103	Piscina Dandekar	128	Vitthalwadi
104	P. L. Deshpande Udyan	129	Wadgaon Dhayri
105	Major Tathawade Udyan	130	Wadgaon Budruk
106	Kothrud Gaon	131	Manikbaug
107	Colónia Feliz	132	Chavan Nagar
108	Colónia de Dahanukar	133	Dhankawadi Ambegaon
109	Warje Jalshuddhakaran	134	Dhankawadi Gaon
110	Popularnagar - Warje	135	Chaitanya Nagar
111	Warje Malwadi	136	Balaji Nagar
112	Maharshi Karve Nagar	137	Sukhsagar Nagar
113	Hingane Shri Shikshan Sanstha	138	Instituto Vishwakarma
114	Janta Vasahat	139	Appar Indira Nagar
115	Colagem Shahu	140	Kondhava Budruk
116	Parque industrial de Parwati	141	Katraj Gaon
117	Maharshi Nagar	142	Rajiv Gandhi Prani Sangrahalaya
118	Mercado de Chatrapati Shivaji	143	Bharti Vidyapeeth
119	Colónia de Deadi	144	Agam Mandir Katraj
120	Kondhava Khurd		

2.5 Estrutura administrativa da Corporação Municipal de Pimpri-Chinchwad:

A Corporação Municipal de Pimpri Chinchwad está situada a noroeste da cidade de Pune. De acordo com a lista das eleições de 2007, há 105 bairros na corporação municipal de Pimpri-Chinchwad. Os bairros distribuídos no centro da cidade são mais pequenos, enquanto os bairros da periferia são maiores.

Quadro 2.2

N.º do bairro	Nome da ala	N.º do bairro	Nome da ala
1	Talwade Gaothan	23	Gulve Vasti
2	Rupi Nagar	24	Indrayani Nagar
3	Triveninagar	25	Balaji Nagar
4	Krishna Nagar	26	Mahatma Phule Nagar
5	Morevasti	27	Annasaheb Magar Stadiem
6	Ganesh Nagar	28	Swapnanagari
7	Chikhali Gaothan	29	Colónia de Ajmera
8	Kudalwadi-J adhavwadi	30	Neharu Nagar
9	Moshi Chorhadewadi	31	Hospital Y.C.M.
10	Moshi Gaothan	32	Sant Tukaram Nagar
11	Vadmukhwadi	33	Kharalwadi
12	Charholigaon	34	Gandhi Nagar
13	Dighi Gaothan	35	Morwadi
14	Sadguru Nagar	36	Anant Nagar
15	Chakrapani Vasahat	37	Estação de Chinchwad
16	Ram Nagari	38	Colégio Sanghavi Kesari
17	Colónia de Sanweek	39	Colónia H.D.F.C.
18	Gawali Nagar	40	Mohannagar
19	Gavhane Vasti	41	Kalbhornagar
20	Vittal Rukhmai Mandir	42	Sambhaji nagar
21	Dhavdevasti	43	Ajantha
22	Landewadi	44	Yamuna Nagar
N.º do bairro	Nome da ala	N.º do bairro	Nome da ala
45	Datta Mandir Otaskim	71	Mandir de Vaishnav Devi
46	Escola Secundária Kai.Madukar Pawale	72	Ashok Theatar
47	Nigadi Jakat Naka	73	Nav Maharashtra Vidyalaya

48	Nigadi Gaothan	74	Mandir de Bhairavnath
49	Bhakti-Shakti	75	Pimple Soudagar
50	Sant Tukaram Maharaj Udyan	76	Rahatni Gaothan
51	Dattawadi	77	Shreenagar
52	Tuljaivasti	78	Tapkir Nagar
53	Akurdi Gaothan	79	Kalewadi
54	Ganga Nagar	80	Nadhe Nagar
55	PCMC politécnica	81	Vijay Nagar
56	Vikas Nagar	82	Thergaon Gaothan
57	Kivale-Mamurdi	83	Sai Mandir Bapuji Buva Nagar
58	Ravet-Punavale	84	Belthika Nagar
59	whalekarwadi	85	Refeição de papel Padamji
60	Chinchvade Nagar	86	Ganesh Nagar
61	Pawana Nagar	87	Wakad Gaothan
62	Dalvinagar	88	Wakad-Venunagar
63	Udyog Nagar	89	Vishal Nagar
64	Chinchwad	90	Nilakh das borbulhas
65	Keshav Nagar	91	Colónia S.T.
66	Salão Darshan	92	Sangvi Gaothan
67	Ramkrushana Mais Prekshagruha	93	Madhuban
68	Bhat Nagar	94	Kirti Nagar
69	Baji Mandai	95	Kavade Nagar
70	Hospital de Jijamata	96	Gajanan Maharaj Nagar
N.º do bairro	Nome da ala	N.º do bairro	Nome da ala
97	Pimple Gurav Gaothan	102	Dapodi Gaothan
98	Sudarshan Nagar	103	Hu.Bhagatsingh Vidyalaya
99	Shankarwadi	104	Sidarth Nagar
100	Kasarwadi	105	Bopkhel
101	Phugewadi		

CAPÍTULO III - ESTATUTO EDUCACIONAL NA ÁREA PMC E PCMC

3.1 Cenário atual da educação na área de PMC e PCMC

Pune é a capital da educação e da cultura de Maharashtra. Pune é considerada a "Oxford do Leste". O Deccan College, o Engineering College e o Agricultural College lançaram as bases para a emergência da cidade como uma das principais cidades da Índia com tendências académicas.

De acordo com a lista dos estabelecimentos de ensino superior que podem ser concedidos nos domínios das artes, do comércio e das ciências, elaborada pelo diretor-adjunto da educação da divisão de Pune, só podem ser concedidos 43 estabelecimentos de ensino superior. Entre estes, 28 colégios situam-se na zona de PMC, tendo PCMC 8 colégios, Khadaki Cantonment e Pune Cantonment 1 e 3 colégios, respetivamente, e os restantes 4 são colégios de Direito.

Na zona de PMC, a distribuição dos estabelecimentos de ensino superior é desigual. A maior parte dos estabelecimentos de ensino estão concentrados na parte mais antiga da cidade. A periferia da cidade tem muito poucos institutos. A zona central da cidade contém principalmente colégios para faculdades fundamentais como as ciências artísticas e o comércio. Na periferia, encontram-se faculdades de outras áreas, como B.C.A., investigação de informação de gestão, estudos informáticos e estudos empresariais, B.C.S. (Quadro 3.1 e 3.2) (Fig. 3.1)

Tabela 3.1: Lista de faculdades na área da PMC

N.º Sr.	Nome dos colégios (zona PMC)
1	Colégio Nowrosjee Wadia, Pune
2	Colégio Shri Shahu Mandir, Pune
3	Colégio de São Vicente, Pune
4	Colégio de Grils de St. Mira, Pune
5	Fergusson College, Pune
6	Colégio Sir Parshurambhau, Pune
7	Colégio Abasaheb Garware, Pune
8	Escola de Comércio de Garware, Pune
9	Colégio de Poona, Pune
10	Colégio Moderno, Shivajinagar, Pune
11	Colégio Comunitário Ness Wadia, Pune
12	Brihan Maha. Colégio de Comércio, Pune
13	Colégio Annasaheb Magar, Hadapsar, Pune
14	Yashwantrao Mo.College, Paud- Road, Pune
15	Colégio Bharatratna Dr.B.A., Aundhgaon, Pune
16	Colégio Symbiosis, Pune
17	Escola de Comércio de Vidyabhavan, Pune
18	Colégio Appasaheb Jedhe, Pune
19	Colégio H.V. Desai, Pune-2
20	Colégio Dr. Ambedkar, Nana peth, Pune
21	Colégio S.M. Joshi, Hadapsar, Pune
22	Colégio Marathwada Mitra Mandal. Pune
23	Colégio Dr. Ambedkar, Yerwada, Pune
24	Shree Siddhivinayak Arts and Commerce Mahila Mahavidyalaya, Karvenagar
25	Colégio Abeda Inamdar, Pune
26	Baburaoji Gholap Mahav. Pune
27	Colégio Moderno, Ganesh Khind, , Pune

28	Colégio Mamasaheb Mohal, Paud
29	Saraswati Mandir Ratra
30	Faculdade de Direito I.L.S., Pune
31	Lei Yashwantrao Chavan
32	Nova Faculdade de Direito, Yerwandana, Pune
33	Faculdade de Direito A.K. Khan, Pune
34	Colégio de Artes e Comércio, Warje
35	Colégio Genba S.Moze, Yerwada
Colégios não subvencionados	
36	Colégio da Sociedade de Educação Abhinav, Camp, Pune
37	Colégio Vishwakarma de Artes, Ciências e Comércio, Kondhwa
38	Faculdade de Belas Artes de Bharati Vidyapeeth,
39	Colégio de Comércio e Estudos Informáticos de Leelawati, Warje
40	Colégio de Artes e Comércio de Shivchhatrapati, Vadgaon bk
41	Faculdade de Ciências de Pune Vidyarthi Griha, Parvati
42	Suryadatta College of management Information Research & Technology, tilak road
43	Colégio Smt. Sudhatai Mandke (Artes e Comércio), Erandawane
44	Escola de Comércio Shanti
45	MAEERÆs Arts Science & Commerece College,Poud Road
46	MaeerÆs Mitsom College, Poud Road
47	Colégio Unity de Artes, Ciências e Comércio, Kothrud
48	Prin.D.B.Gadhave Mahavidyalaya, estrada de Solapur
49	Colégio de Artes e Comércio Choice, Kothrud
50	Escola de Comércio Foresight
51	Escola Superior de Ciências de Maharashtra, Kothrud
52	Escola de Comércio Behere, Navi Peth
53	Escola de Comércio Synergy
54	Faculdade de Comércio Smt. Kashibai Navale
55	Faculdade de Artes, Comércio e Ciências Vivekanand
56	Kannada Sangha Pune, Faculdade de Comércio, Erandawane
57	Huzurpaga Mahila Vanijya Mahavidyalaya, Pune
58	Instituto de Ciências, Faculdade de Informática de Poona, Wakad
59	Saraswati Vidyalaya UnionÆs Commerce Night College
60	Snehvardhak Education TrustÆs, B.C.S. Science College
61	Colégio de Cristo,
62	Centro Nacional para a Faculdade de Ciências do B.C.S. Rural
63	Forum For Culture Studies Instituto de Estudos Avançados em Inglês, Aundh

A distribuição dos estabelecimentos de ensino superior na área da PCMC faz-se principalmente ao longo da autoestrada NH4. Os novos estabelecimentos de ensino superior são criados ao longo da autoestrada. O número de estabelecimentos de ensino superior é maior em Pradhikaran do que na outra parte da cidade. A maior parte dos estabelecimentos de ensino superior situa-se a menos de 1000 metros da antiga autoestrada Mumbai-Pune. 33% dos estabelecimentos de ensino superior situam-se a menos de 500 metros e 60% a menos de 1000 metros

Quadro 3.2: Lista de colégios na área da PCMC

N.º Sr.	Nome dos colégios (zona PCMC)
1	Colégio Mahatma Phule, Pimpri
2	Colégio Tikaram Jagnnath, Khadaki
3	Colégio Maganmal Udharam, Pimpri
4	Colégio de Artes, Ciências e Comércio Prof. R.More, Akurdi
5	Colégio de Artes, Ciências e Comércio Dr. A.B. Telang, Nigdi
6	Colégio Dr. D.Y. Patil, Pimpri,
7	Baburaoji Gholap Mahavidyalaya (Artes, Ciências e Comércio),Sangvi
8	Colégio C.K.Goyal AC, Dapodi
Colégios não subvencionados	
10	Colégio de Artes, Ciências e Comércio de Smt. Chandrakala Kishorilal Goyal, Dapodi
11	Colégio de Artes, Comércio e Ciências B.C.S. de Rajmata Jijau Shikshan Mandal, Bhosari
12	Colégio S.N.B.P. de Artes, Comércio e Ciências, Pimpri
13	Colégio de Comércio, Ciências e TI Audhyogik Shikshan Mandal, Chinchwad
14	Mahatma Phule Mahavidyalaya (Artes, Ciências e Comércio), Pimpri
15	Colégio de Artes, Comércio e Ciências Sanghavi Kesari, Chinchwad
16	Escola de Belas Artes e Design de Audhyogik Tantra Shikshan Sanstha, Chinchwad
17	Colégio IIBM de BBA e BCA
18	Colégio de Artes, Comércio e Ciências Ramkrishna More, Akurdi
19	Faculdade de Informática e Estudos Empresariais Dr. D.Y.Patil, Akurdi
20	Faculdade de Ciências Dr. D.Y. Patil, Akurdi
21	Colégio de Artes Aplicadas e Artesanato Dr. D.Y. Patil, Akurdi
22	Colégio Late Gangadhar Paraskar Pratishthan B.B.A., chinchwad
23	Colégio de Artes, Ciências, (BCS) de Samata Vikas Pratishthan, Nigdi
24	Faculdade de Informática e Estudos Empresariais Dr. D.Y.Patil, pimpri
25	Colégio de Artes, Ciências e Comércio Dr. D.Y. Patil, Akurdi

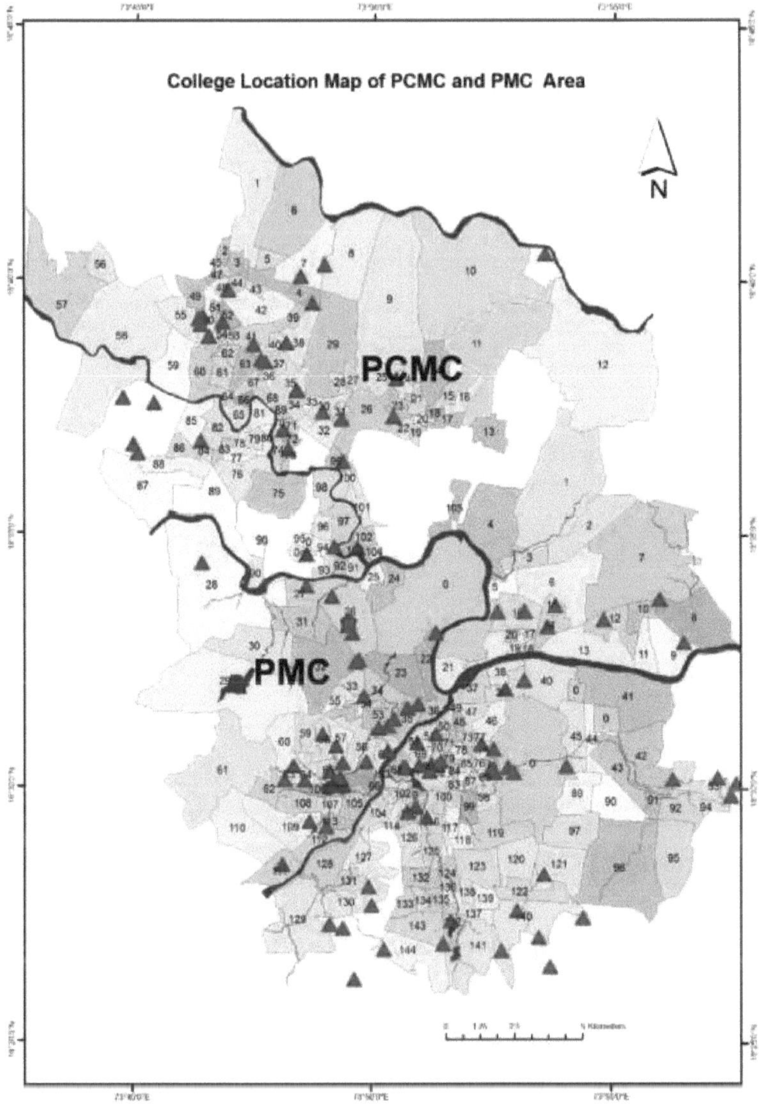

3.2 Análise de tampões:

A Universidade Savitribai Phule Pune foi considerada como ponto central, gerámos zonas tampão que variam de 0 a 20 km. Dividida em 4 zonas, cada zona tem uma distância aérea de 5 km. A maioria dos estabelecimentos de ensino superior de Artes, Comércio e Ciências (tanto subvencionáveis como não subvencionáveis) está altamente concentrada entre 0 e 10 km do ponto central, tanto na área de PMC como de PCMC. Poucas partes das alas no. 93, 95, e 96 na área de PMC e wards no. 1, 56 e 57 da área de PCMC situam-se entre 15 e 20 km de zona tampão. Apenas 2 colégios estão localizados na área de PMC e PCMC não tem nenhum colégio. (Fig

3.2)

Na zona PMC e PCMC,

0 - 5 km Zona-tampão:	16 colecções
5 - 10 km Zona tampão:	44 faculdades
10 - 15 km Zona tampão:	26 colégios
15- 20 km Zona tampão:	2 colégios

Fig. 3.2

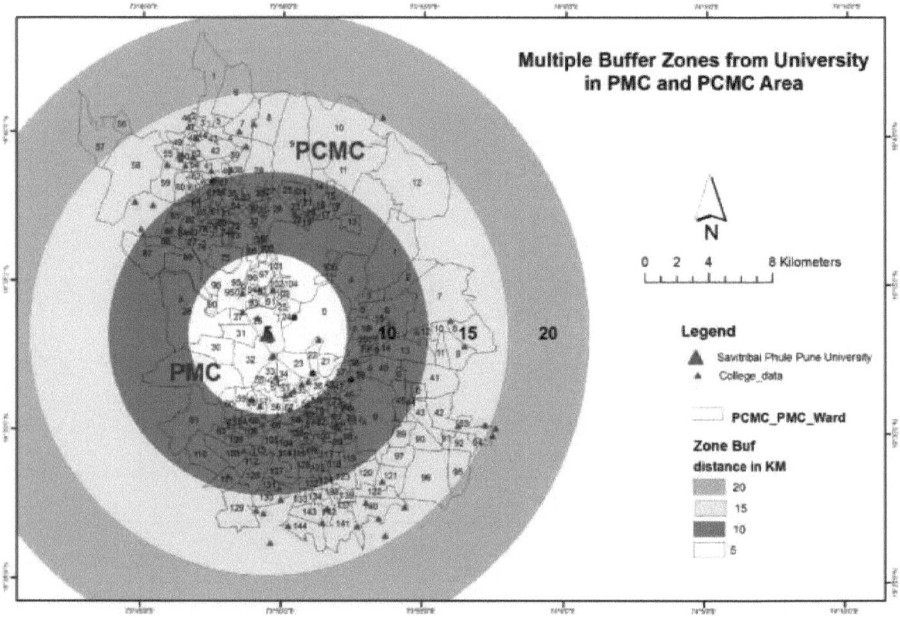

3.3 Taxa de alfabetização:

De acordo com o censo de 2011, a área de PMC tem uma taxa de alfabetização mais elevada de quase 91% e na área de PCMC a taxa de alfabetização mais elevada é de cerca de 89%. Na área de PMC, 21 alas (alas no. 31, 34, 35, 46, 50, 51, 52, 56, 58, 65, 66, 67, 69, 70, 71, 73, 78, 89, 117, 125 e 135) têm mais de 86% de taxa de literacia. Estas alas concentram-se principalmente na parte central da área de PMC. Considerando que apenas 5 bairros (bairros n.º 43, 54, 90, 118 e 139) têm uma taxa de literacia baixa (inferior a 70%). (Fig. 3.3A)

Fig. 3.3

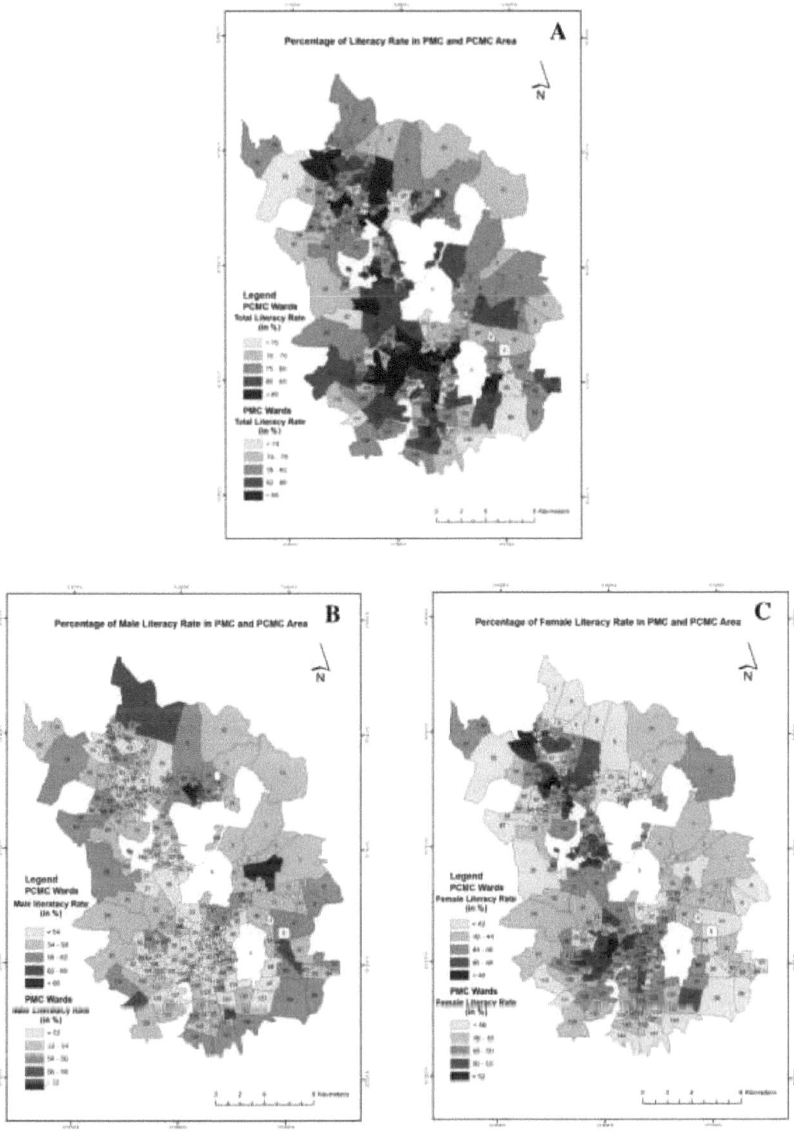

Na área da PCMC, 14 bairros (bairros n.º 29, 31, 32, 44, 48, 49, 50, 52, 55, 64, 66, 67, 72 e 94) têm mais de 85% de alfabetização. Concentram-se principalmente em torno de Nigdi Pradhikaran área, Chinchwad Gaothan e YCM Hospital. 9 bairros (bairros n.º 25, 26, 27, 34, 36, 37, 43, 58 e 68) com baixa taxa de literacia (menos de 70 por cento).

A literacia masculina global na área PCMC é superior à da área PMC. Em ambas as zonas, a literacia masculina é mais elevada na periferia do que na zona central. Mas este quadro é totalmente inverso no caso das mulheres. Na zona de PMC, a taxa de literacia feminina é muito mais elevada no centro da cidade. A taxa de literacia masculina varia entre 40 e 55 por cento. A taxa de alfabetização feminina é mais baixa do que a masculina, variando entre 40 e 50%. (Fig. 3.3B e C)

3.4 Distribuição da população

De acordo com o mapa 3.4, a distribuição da população concentra-se principalmente na zona marginal da PMC e da PCMC, por exemplo, na zona da PMC, os bairros 122 e 140 de Kondhawa Budruk e Mithanagar, respetivamente, têm mais de 45 000 habitantes e o bairro 75 de Pimpale Saudagar, na zona da PCMC, tem uma população superior a 40 000. A população dos bairros na parte central da cidade é inferior à dos bairros marginais. Isto deve-se apenas ao facto de o tamanho e a área dos bairros na zona marginal serem maiores do que na cidade principal. As alas exteriores são aldeias recentemente acrescentadas e têm uma área maior. Na parte central da cidade, as freguesias são muito pequenas. Tal como a taxa de alfabetização, a população masculina e feminina é mais elevada nas zonas periféricas da área PMC e PCMC. (Fig. 3.4 e 3.5 A e B))

Fig. 3.4

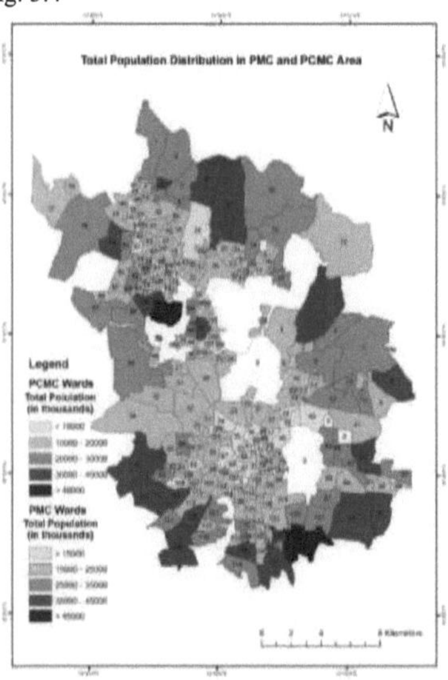

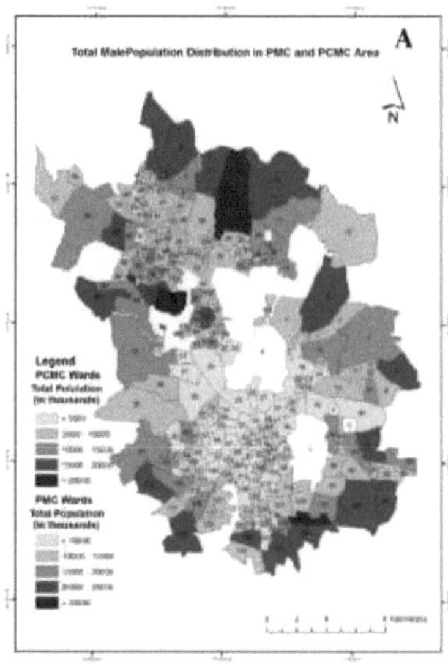
A
Total MalePopulation Distribution in PMC and PCMC Area
N
Legend
PCMC Wards
PMC Wards
Total Population
(in thousands)

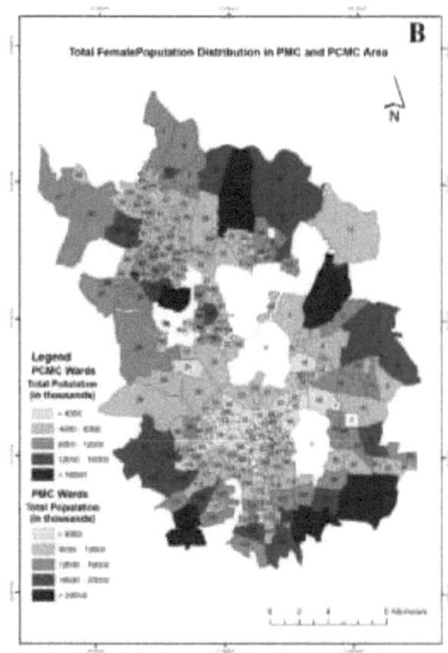
B
Total FemalePopulation Distribution in PMC and PCMC Area
N
Legend
PCMC Wards
PMC Wards
Total Population
(in thousands)

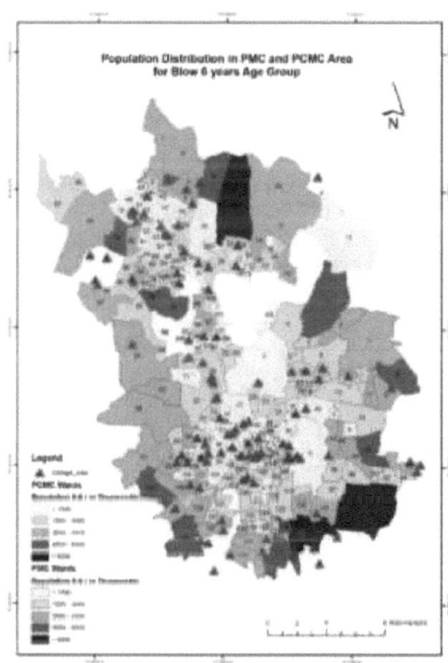
Population Distribution in PMC and PCMC Area
for Blow 6 years Age Group
N
Legend
PCMC Wards
PMC Wards

A partir dos dados da população com menos de 6 anos, estamos a estimar a população futura, que se considera estar a frequentar a escola nos últimos anos. Com base nestes dados, podemos planear em que área se devem concentrar os estabelecimentos de ensino. (Fig. 3.6)

Upper Indira Nagar (Bairro n.º 139) tem o maior número de população da SC na área de PMC. É superior a 33%. Anant Nagar (bairro n.º 36) tem mais de 80 por cento da população da SC em relação à população total na área da PMC. O número de habitantes da SC diminui na parte central de ambas as áreas municipais.

Tal como a população SC, a população ST também se concentra nas zonas periféricas. O número mais elevado de população ST regista-se no bairro n.º 1 de Dhanori, a leste, e no bairro n.º 29 de Sutarwadi, a oeste da cidade. O bairro n.º 11 de Vadmukhwadi é o que regista o maior número de população com ST na área da PCMC. (Fig. 3.7 A e B)

Fig. 3.7

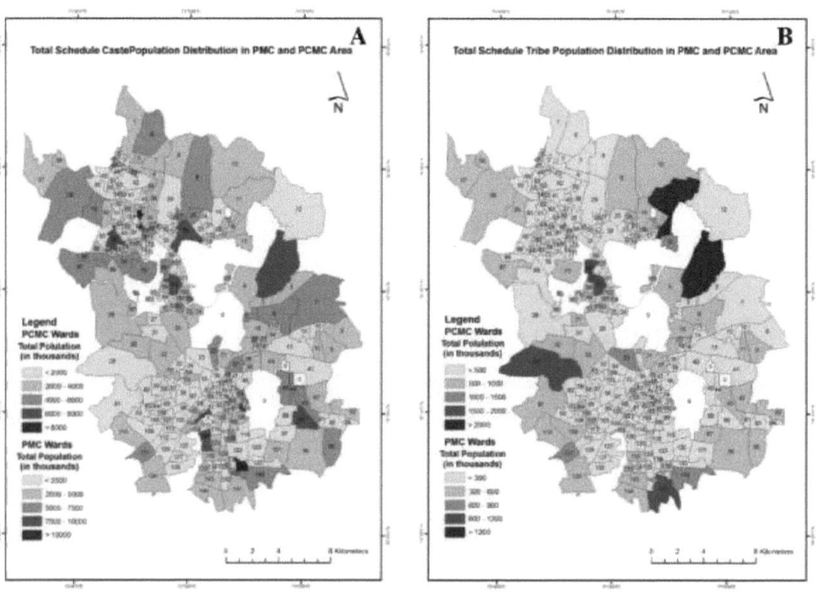

CAPÍTULO IV - DESENVOLVIMENTO DE UM SISTEMA DE INFORMAÇÃO UNIVERSITÁRIO BASEADO EM WEB-GIS

4.1 Introdução

O projeto intitulado "Sistema de informação universitária (CIS) baseado em SIG para a Universidade Savitribai Phule Pune, um estudo de caso da área PMC e PCMC". O desenvolvimento de um sistema de informação universitária baseado em Web-GIS visa desenvolver uma aplicação web para aceder a dados espaciais através do navegador. O Web-GIS proporciona um ambiente de aplicações Internet-Web habilitadas espacialmente. O software GIS gera mapas mas não pode ser aberto na Web. Este projeto visa desenvolver uma aplicação Web educativa para facilitar a partilha. Tendo em conta as necessidades do utilizador, a interface é criada. É simples para o utilizador interagir com a aplicação de consulta. O principal objetivo de todo o estudo é explorar e verificar a existência de colégios no mapeamento SIG na área PMC e PCMC do distrito de Pune. O estudo pormenorizado permitirá conhecer as faculdades e os institutos da zona de PMC e PCMC. O presente projeto trata de um aspeto de todo o programa. Trata-se da análise da localização dos colégios, dos itinerários mais curtos e da informação anexa nos colégios. A ferramenta é um sistema de informação geral que pode ser acedido em qualquer parte do mundo. Neste projeto, é desenvolvido um mapa que mostra a lista de vários colégios numa determinada área e é apresentado no navegador através de um SIG Web. O utilizador pode procurar um colégio específico utilizando a opção de pesquisa com base no mapa do Google, fazendo zoom com o rato. Também é possível aceder aos dados correspondentes às faculdades e aos bairros clicando no mapa. Além disso, podem ser feitas consultas para procurar diferentes faculdades, distância, hora, etc. As informações pormenorizadas sobre as faculdades também podem ser encontradas na ligação URL da sua página Web. Neste contexto, os mapas podem mostrar mais claramente do que qualquer formato tabular as informações relacionadas com um local, permitindo ao utilizador rever as informações em termos da sua orientação espacial. Assim, é essencial uma aplicação que ajude os utilizadores a aceder aos dados espaciais. É necessária uma aplicação que permita aos utilizadores aceder a dados espaciais e não espaciais. Este projeto cria uma aplicação que apresenta os dados sobre o colégio no mapa. Consiste em permitir que o utilizador final obtenha a informação espacial da área de estudo, ou seja, os pormenores dos estabelecimentos de ensino superior e também que descubra a localização do estabelecimento de ensino superior selecionado no mapa. O software GIS é necessário para criar mapas e o servidor de mapas é necessário para aceder a esses mapas através do browser.

O software GIS é utilizado para criar sistemas de informação geográfica (GIS) completos. O Map Server é um software de fonte aberta para o desenvolvimento de aplicações Internet com base no espaço. Pode ser executado como um programa CGI ou através de um script Map que suporta várias linguagens de programação. Utilizando informações espaciais, o Map Server cria imagens de mapas. O Web GIS é necessário para partilhar mapas através do browser. O Web GIS permite que indivíduos e organizações comuniquem geograficamente com os utilizadores através da Internet. Fornece aos utilizadores capacidades de consulta interactiva. Permite que os utilizadores finais visualizem os dados geográficos utilizando o browser do servidor de mapas.

Hardware: foram utilizadas as seguintes configurações de hardware para o trabalho do projeto.

Processador : Intel(R) Pentium(R) D
CPU : 3,40 GHz
Disco rígido : 160 GB
RAM : 1 GB

Software:
Sistema operativo : Windows7
Tecnologias Web : HTML, CSS, JavaScript,
Servidor Web : Apache Tomcat, Servidor de Mapas
Navegador Web : Cromo
Software GIS : ArcGIS, Global Mapper, QGIS, Photomapo

Requisitos do sistema: sítio Web - ligação à Internet com JavaScript ativado. O sítio Web é melhor visualizado no Google Chrome.

Implementação

Utilizando o ArcGIS, o Global Mapper e o QGIS, apresentar o mapa no navegador utilizando o Map Server e fornecer funcionalidades para o mapa, como a identidade, a atualização e a opção Mostrar mapa com base numa consulta.

Os mapas criados no ArcGIS são ficheiros de forma. Estes ficheiros shape são criados utilizando o ArcCatalog. Precisam de ser editados utilizando o ArcMap. O ArcMap permite adicionar dados aos ficheiros shape. Neste projeto, são criados ficheiros de forma. Estes ficheiros fornecem a localização dos estabelecimentos de ensino superior, sobrepõem-se ao polígono das freguesias, aos rios e às estradas. A localização da faculdade baseia-se na latitude e longitude próximas e todos os pormenores da faculdade, como o nome da faculdade, o código da faculdade, os dados do diretor e os cursos oferecidos, foram adicionados à tabela de atributos dos ficheiros de forma, que são armazenados como ficheiros dbf. As informações dos censos de 2011, como a população total, a população com menos de 6 anos, a taxa de alfabetização, etc., são anexadas ao polígono da PMC e da PCMC.

Para apresentar o mapa, tem de ser criado um ficheiro de mapa que especifica a extensão do mapa a apresentar, o caminho da forma do mapa, o caminho para armazenar os GIFs criados pelo servidor de mapas, o número de camadas e as etiquetas para as camadas. Utilizando várias APIs de script de mapa CSS e HTML, o mapa é apresentado no browser. Uma vez apresentado o mapa, para o tornar mais fácil de utilizar, foram adicionadas ao mapa as opções de zoom, panorâmica, atualização e identidade. A opção de identidade recupera os dados espaciais associados a um mapa e apresenta-os numa nova janela.

Os vários modos de entrada para a opção de pesquisa são a pesquisa de uma lista de colégios numa determinada ala, a pesquisa de uma categoria de cursos como os colégios de Artes, Comércio e Ciências. O resultado será o destaque da faculdade selecionada pelo mapa.

4.2 Geração de base de dados SIG:

O objetivo dos métodos é gerar dados geoespaciais e criar um modelo de consulta geográfica baseado na Web utilizando um SIG de fonte aberta. O sistema GIS consulta a base de dados geográficos para obter os dados do mapa e criar uma lista de colégios. Cada objeto devolvido será completado com os dados da faculdade. O módulo de transformação e integração integra os dados do SIG com os dados das faculdades, identifica as camadas e define a representação dos objectos turísticos

Recolha de dados

Preparação de dados espaciais: Camadas como a localização do colégio são preparadas como uma camada de pontos. As estradas são preparadas como camada de linhas e os limites das freguesias, etc., como camada de polígonos. Foram recolhidos dados relativos a todos os colégios relevantes. Estes dados foram atribuídos como dados de atributo à informação espacial.

Digitalização de dados

Os dados espaciais e de atributos da zona-alvo recolhidos foram processados utilizando o software ArcGIS para digitalizar os dados e criar ficheiros de várias camadas necessários para o sistema de informação da faculdade.

Integração e processamento de dados SIG e criação de um sítio Web

Existe um portal Web intitulado: http://localhost: 82/Colleges/

Com a ajuda da aplicação Mapserver, os ficheiros shape foram carregados. Estes ficheiros de forma foram utilizados para visualizar a área de estudo necessária. Para a integração dos dados do SIG com a base de dados do Google, foi utilizado o programa API do Google. Foi criado um portal Web GIS interativo utilizando Quantum GIS, Mapserver e Google API para as funções desejadas.

Geração de dados GIS

Quantum GIS V.1.5 / Global Mapper 13 / Arc GIS 10.1 foram utilizados para a georreferenciação de Toposheets, digitalização e criação de ficheiros Shape para a área PMC e PCMA.

Criação de um sítio Web para publicar os dados SIG na Internet

Foi criado um sítio Web com o nome http://localhost:82/Colleges/. Foi utilizado o Adobe dream weaver para desenvolver o sítio. Foram utilizadas páginas HTML básicas e java scripting para fornecer informações textuais sobre as faculdades.

Geração e carregamento de dados do Servidor de Mapas

O servidor de mapas V- 3.0.6 foi utilizado para exportar e instalar os ficheiros de forma no sítio Web, de modo a que os dados em camadas possam ser acedidos através do servidor de mapas e apresentados no sítio.

Recursos Web-GIS - API do Google Earth

Foram utilizados códigos-fonte e applets da API do Google para melhorar as capacidades de consulta do utilizador para o portal Web GIS.

Tabela 4.1: Camadas geradas para o Sistema de Informação do Colégio

Nome	Informações sobre a camada	Dados de atributo
Colégio (PMC &	Todos os colégios subvencionáveis e não subvencionáveis foram	Os dados de atributo desta camada apresentam o nome e outros
Enfermarias	Limite eletrológico de todos os bairros municipais da área de PMC e PCMC	Os dados de atributos desta camada apresentam o nome e os dados demográficos de um determinado bairro. Esta camada é utilizada especificamente para gerar mapas e não para o SIG Web
Estrada	Rede rodoviária da zona de estudo	A tabela de atributos inclui o nome da estrada
Corpo de água	Todos os grandes rios, como o Indrayani, o Pavan, o Mula e o Mutha, que foram representados nesta camada	O nome do rio foi acrescentado à tabela de atributos.

Camadas:- (Quadro 4.1)

1. Faculdades:- Informações pormenorizadas sobre as faculdades
2. Alas:- Informações sobre o número da ala e o nome da ala
3. Estrada:- Nome da estrada, tipo de estrada, informação sobre a direção
4. Google Maps para navegação: Percurso desde a localização da faculdade até ao destino pretendido

Sistemas para Web-GIS
1. Map Server 4 Windows - versão 3.0.6 (Fig. 4.1)
2. API DO GOOGLE MAP

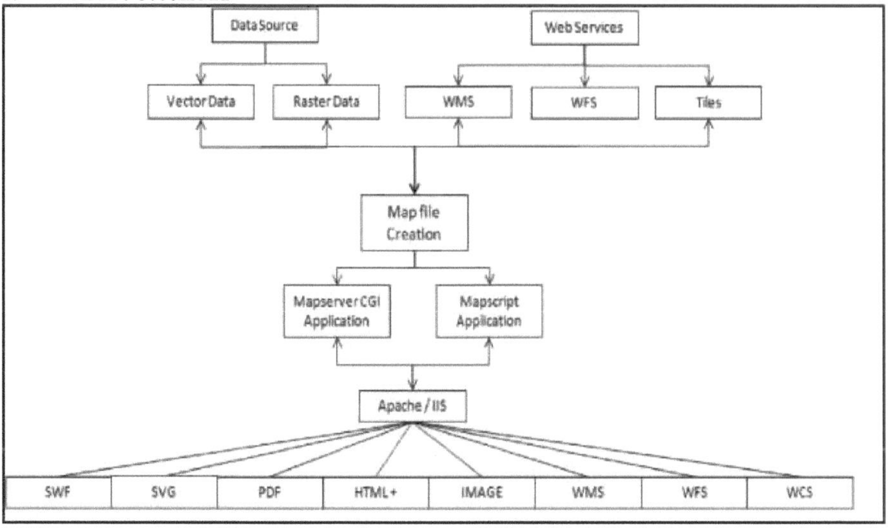

FIG. 4.1: FLUXOGRAMA DO SERVIDOR DE MAPAS

Todos os métodos têm por objetivo gerar dados geoespaciais e criar um modelo de consulta geográfica baseado na Web utilizando um SIG de fonte aberta. O sistema SIG consulta a base de dados geográficos para obter os dados do mapa e criar uma lista de colégios. (Fig. 4.2)

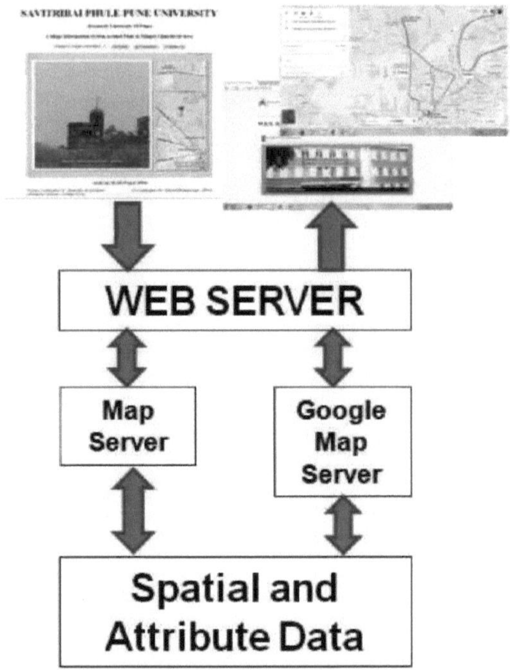

Fig. 4.2: Funcionamento de um modelo de consulta baseado num Web GIS

URL:- http://localhost:82/Colleges/

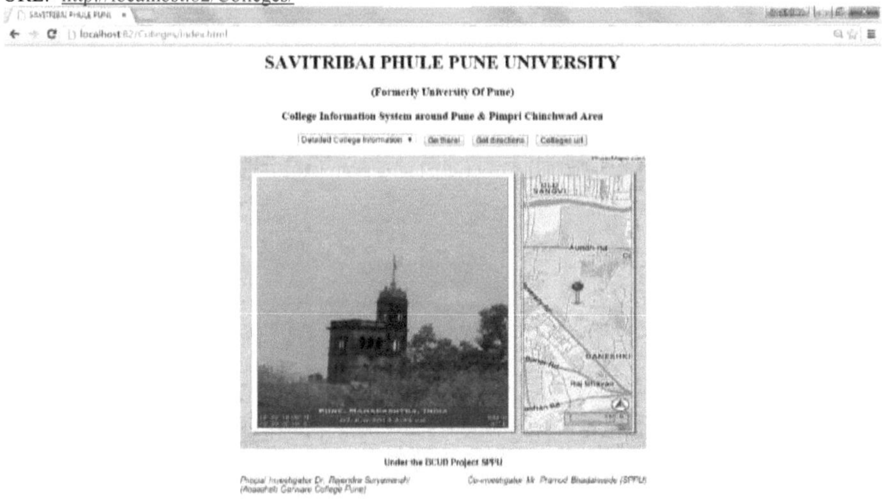

Main Page:-

Below are the options to use

Go there! | Get directions | Colleges url

Ir para lá:- Esta opção é utilizada para obter informações pormenorizadas sobre bairros, estradas e, principalmente, informações sobre colégios

Obter direcções:- Esta opção é utilizada para obter faculdades no Google maps que podem ser utilizadas para obter direcções de condução

Url das faculdades:- Esta opção é utilizada para obter informações sobre as faculdades a partir do seu url residente

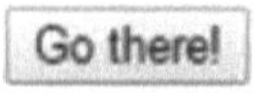

Menu

Os utilizadores podem ter as seguintes opções

1. Selecionar as camadas: - Para escolher entre as camadas Bairro, Estradas e Colégio
2. Modo de mapa:- Para escolher o modo de camada de navegação ou de consulta
3. Atualizar:- Para atualizar as operações actuais
4. Controlo do mapa:- Para operações de zoom in & out

Resultados para

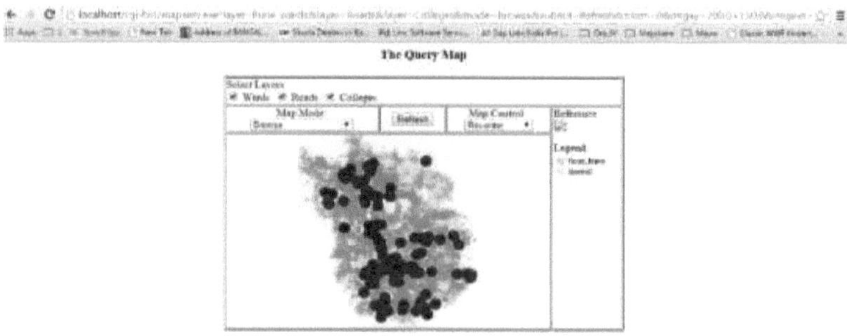

querying Wards

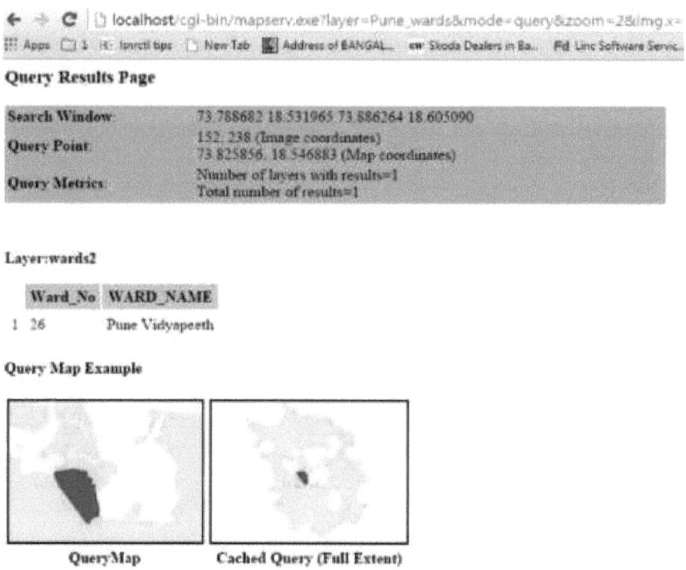

Resultados após consulta dos dados rodoviários

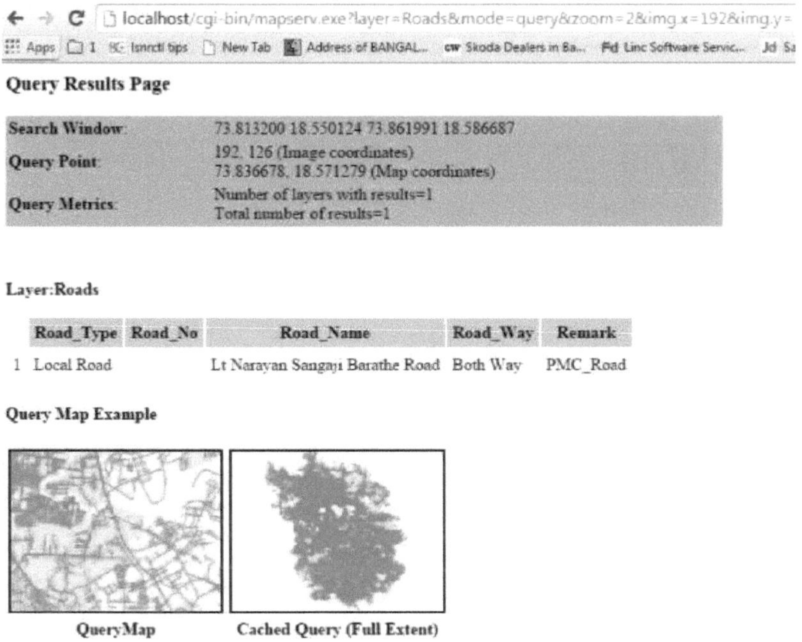

localhost/cgi-bin/mapserv.exe?layer=Roads&mode=query&zoom=2&img.x=192&img.y=

Query Results Page

Search Window:	73.813200 18.550124 73.861991 18.586687
Query Point:	192, 126 (Image coordinates) 73.836678, 18.571279 (Map coordinates)
Query Metrics:	Number of layers with results=1 Total number of results=1

Layer:Roads

	Road_Type	Road_No	Road_Name	Road_Way	Remark
1	Local Road		Lt Narayan Sangaji Barathe Road	Both Way	PMC_Road

Query Map Example

QueryMap   Cached Query (Full Extent)

Resultados após a consulta dos Colégios

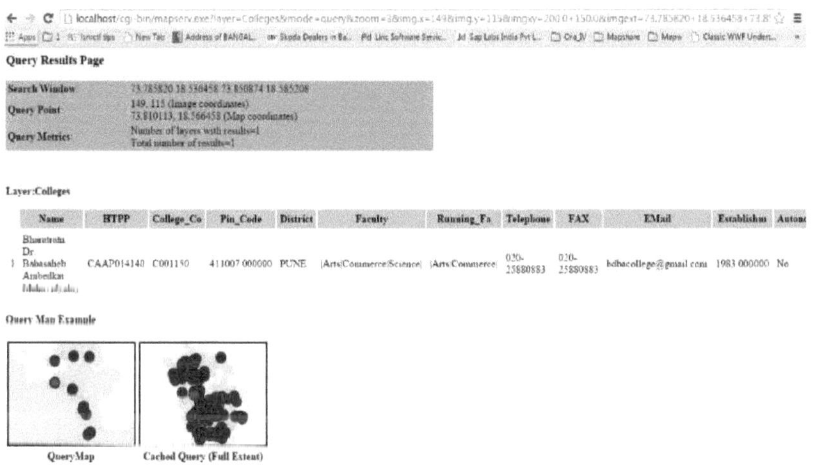

localhost/cgi-bin/mapserv.exe?layer=Colleges&mode=query&zoom=3&img.x=149&img.y=115&imgxy=200.0+150.0&imgext=73.785820+18.536458+73.8

Query Results Page

Search Window:	73.785820 18.536458 73.850874 18.585208
Query Point:	149, 115 (Image coordinates) 73.810113, 18.566458 (Map coordinates)
Query Metrics:	Number of layers with results=1 Total number of results=1

Layer:Colleges

	Name	HTPP	College_Co	Pin_Code	District	Faculty	Running_Fa	Telephone	FAX	EMail	Establishm	Auton
1	Bharatratna Dr Babasaheb Ambedkar Mahavidyalaya	CAAP014140	C001150	411007.000000	PUNE	|Arts|Commerce|Science|	|Arts|Commerce|	020-25880883	020-25880883	bdbacollege@gmail.com	1983.000000	No

Query Map Example

QueryMap   Cached Query (Full Extent)

Obter a direção da localização da faculdade:-

Pune Colleges
localhost:82/Colleges/marker4.html

Pune Colleges
localhost:82/Colleges/marker1.html

O utilizador pode obter várias opções de itinerário, incluindo carro, autocarro e a pé, etc., através do Google Map.

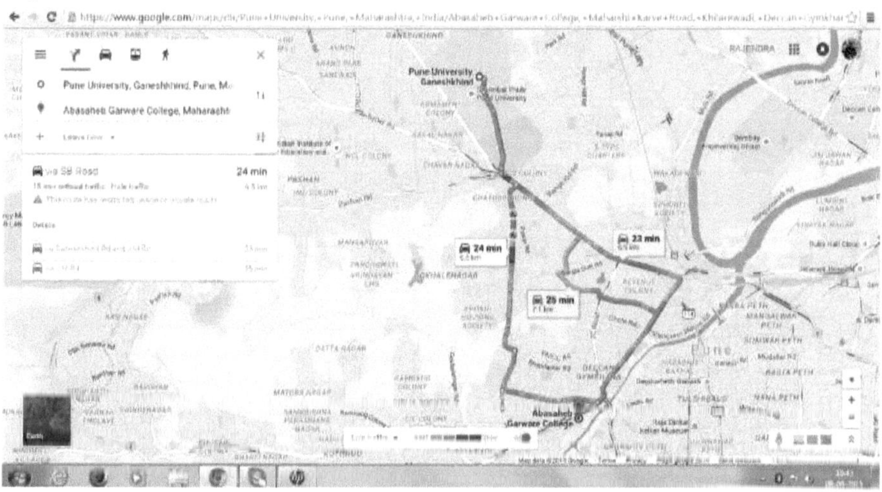

Abaixo está a opção de autocarro selecionada.

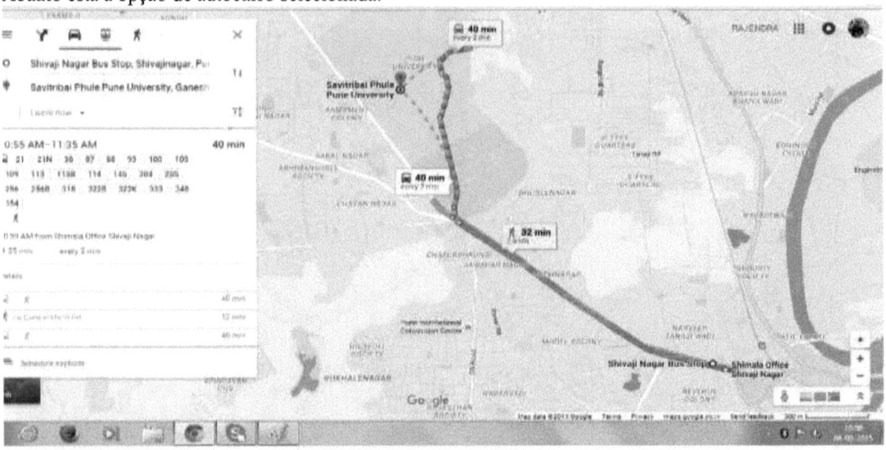

Abaixo está a opção de caminhada selecionada.

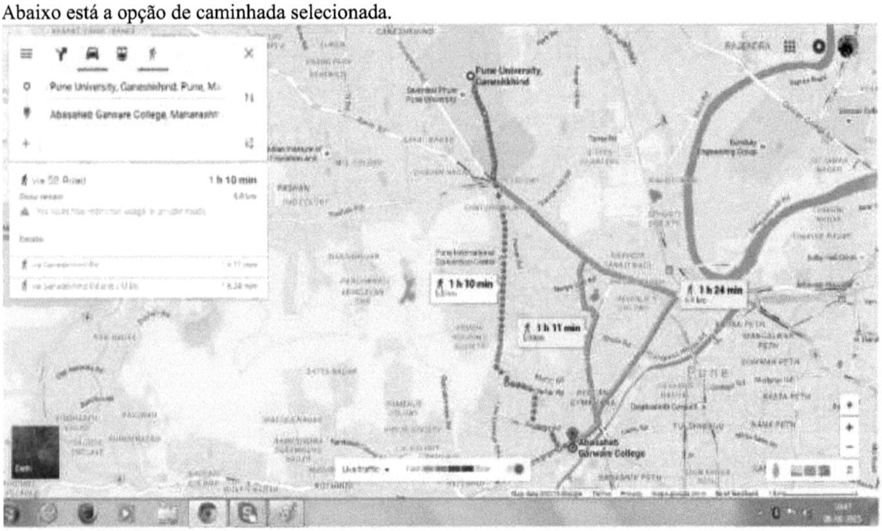

URL da faculdade:

Os utilizadores podem selecionar as opções de URL disponíveis no menu e depois clicar em Go (Ir) para visitar o sítio Web, por exemplo, Abasaheb Garware College, Karve Road, Pune

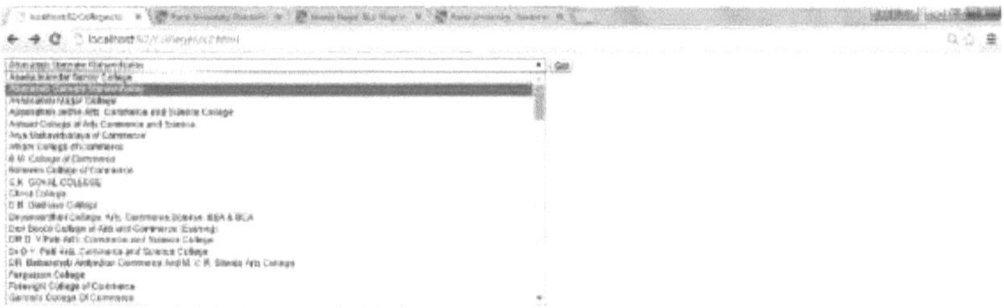

CAPÍTULO V: DEBATE E CONCLUSÕES

5.1 Discussão

O número total de estabelecimentos de ensino superior subvencionáveis em Artes, Comércio e Ciências na zona PMC é de 35, e na zona PCMC é de apenas 8. O número de estabelecimentos de ensino superior não subvencionados é de 28 na zona de PMC e de 17 na zona de PCMC. A Universidade Savitribai Phule Pune foi considerada como ponto central, tendo sido criadas zonas-tampão de 0 a 20 km. Na zona-tampão de 0 a 5 km encontram-se 27 colégios, na zona-tampão de 5 a 10 km encontram-se 95 colégios, na zona-tampão de 10 a 15 km encontram-se 5 colégios e na zona-tampão de 15 a 20 km encontram-se 2 colégios. A taxa máxima de literacia, de acordo com o recenseamento de 2011, é superior a 85% e a taxa mínima é de cerca de 70%, tanto na área de PMC como de PCMC.

A população máxima concentra-se na zona periférica. Calculámos também o total da população com menos de 6 anos. Esta população é considerada como uma fonte de futuros resultados escolares. Tal como a população total, o número de pessoas com menos de 6 anos também se concentra na zona periférica

Todos os módulos foram testados com êxito. Foram criados os ficheiros shape para os bairros e os colégios e a localização dos colégios foi indicada no mapa. Utilizando o Map Server, os mapas foram apresentados no browser.

5.2 Conclusões

Os dados relativos aos colégios são recolhidos através de um inquérito GPS, trabalho de campo e outras fontes secundárias. Estes dados foram testados com êxito em todos os módulos. Para todas as alas e colégios, foram criados ficheiros de forma com a rotulagem adequada das localizações no mapa. O mapa foi visualizado no navegador utilizando o servidor de mapas. O "Web-GIS based College Information System" desenvolvido está disponível gratuitamente e é útil para estudantes, pais e académicos. O estudo demonstrou claramente que a integração interactiva de dados espaciais e de dados não espaciais no ambiente SIG constitui uma ferramenta poderosa. Em comparação com os métodos tradicionais, o SIG baseado na Web tem grande eficiência e precisão.

Em termos de rentabilidade, armazenamento e análise da base de dados da faculdade, o SIG revelou-se uma ferramenta eficiente.

O Map Server é um software de fonte aberta que fornece funcionalidades de servidor para dados SIG. A base de dados GIS na Internet é vantajosa e o Map Sever fornece essa funcionalidade. Trata-se de um servidor GIS que apresenta informações espaciais e mapas. O Google Map também está a provar a sua utilidade na personalização das funcionalidades SIG, bem como na análise de consultas. Também incorporamos a criação de consultas e a modificação de dados no ambiente Map Server do Google Map

5.3 Sugestões e recomendações para o futuro:

I. Este projeto prova que o SIG do SO também tem as mesmas capacidades e caraterísticas que o SIG comercial.

II. Os métodos utilizados neste projeto, juntamente com o software OS GIS, podem ser utilizados para desenvolver qualquer projeto em qualquer área a baixo custo.

III. O presente projeto mostra o caminho a seguir para desenvolver um projeto GIS de baixo custo e promover as capacidades do OS GIS junto das massas. Porque, na maioria das vezes, a limitação de custos é o principal obstáculo a um projeto deste tipo

IV. Promover a importância do SIG de fonte aberta entre os estudantes e os professores.

V. Para sensibilizar para o sistema operativo, promover acções de formação e workshops sobre o sistema operativo GIS.

VI. Num projeto deste tipo, todas as camadas devem ser actualizáveis.

REFERÊNCIAS

1. Bharamagoudar S.R., Geeta R.B., Totad, S.G. (2013), "*Web Based Student Information Management System*", Revista Internacional de Investigação Avançada em Engenharia Informática e de Comunicações Vol. 2, Edição 6
2. Duran E., Eker D.Z., Shrestha M. "Web Based Information System For Tourism Resorts; A Case Study for side/ Manavgat"
3. Giridhar M.V.S.S., Md.Nazia Firdouse, Durga Bhavani.S, Viswanadh.G.K, Chandra Bose A.S. (2011), "*Development of Web-GIS based College Information System*", International Journal of Applied Engineering Research, Dindigul, Vol.2, No.2.
4. Nair, Sreejit e Katiyar S.K. (2011):, "*Web Enabled Open Source Gis Based Tourist Information System For Bhopal City*", International Journal of Engineering Science and Technology (IJEST), Vo.3, No.2.
5. Narkhede, P.G., e Telang, M.V. (2013), "*Household Preferences for Residential Location: Case of Pune Municipal Corporation Limits*", Indian Journal of Applied Research, Vol. 3, Issue 2.
6. Nedal Al-Hanbali, Reem Al-Kharouf, Mohd Bilal Alzoubi "*Integração de imagens geográficas e dados vectoriais no modelo de dados gis de cartografia escolar para o sistema de apoio à decisão educativa em Jorden*"
7. Plano de Desenvolvimento de Pune-2006-12 Vol. abril-2006
8. R Subbunaryan R Manikandan (2005), "*Campus Information system for Thiagaraijar College of Engineering (TCE), Madurai, Tamilnadu using GIS*" 8th annual International Conference, Map India 2005.
9. Suryawanshi Rajendra, Shelar Avinash, Dugal Rahul, Dandekar Priyanka e Chavan Manoj. (2011):, "*GIS Based Analysis of Pune Municipal Corporation Electoral Pattern*", The Goa Geographer, Vol.VIII, no.1.
10. Xiaofei Yan e Yanqiu Wang (2012): "*Development of Zaozhuang Tourism Information System Based on WebGIS*", IJCSI International Journal of Computer Science Issues, Vol. 9, Issue 6, No 3

Referência Web:

1) www.pmcelection.org
2) www.mapzones.com
3) www.en.wikipedia.org
4) www.pmcindia.gov.in
5) www.pcmcindia.gov.in
6) www.unipune.ac.in
7) www.censusindia.gov.in
8) www.dhepune.gov.in

PLACAS FOTOGRÁFICAS

PhotoMapo.com
PDEA'S
PROF. RAMKRISHNA MORE COLLEGE
AKURDI, PUNE
MAHARASHTRA, INDIA
15-JAN-2014 1:24 PM
Nagar Garden
Ravet
Nigdi
Akurdi
Chinchwad Garden
Service Rd
Chinchwad
Map data ©2014 Google

PhotoMapo.com
MAHARASHTRA, INDIA
Loni Kalbhor
Wadaki Gaon
Map data ©2014 Google

जनता शिक्षण संस्था पुणे
चंदकला किशोरीलाल गोयल महाविद्याल
पुणे १२

शैक्षणिक संकुल

इंदिरा स्कूल ऑफ बिझिनेस स्टडिज्
इंदिरा कॉलेज ऑफ फार्मसी

MIX
Papier aus verantwortungsvollen Quellen
Paper from responsible sources
FSC® C105338

Printed by Books on Demand GmbH, Norderstedt / Germany